BEI GRIN MACHT SICH IHR WISSEN BEZAHLT

- Wir veröffentlichen Ihre Hausarbeit, Bachelor- und Masterarbeit

- Ihr eigenes eBook und Buch - weltweit in allen wichtigen Shops

- Verdienen Sie an jedem Verkauf

Jetzt bei www.GRIN.com hochladen und kostenlos publizieren

Christian Benner

Vergleich des Stoffhaushaltes von Nieder- und Hoch-moor

GRIN Verlag

Bibliografische Information der Deutschen Nationalbibliothek:

Die Deutsche Bibliothek verzeichnet diese Publikation in der Deutschen Nationalbibliografie; detaillierte bibliografische Daten sind im Internet über http://dnb.d-nb.de/ abrufbar.

Impressum:

Copyright © 2009 GRIN Verlag GmbH
Druck und Bindung: Books on Demand GmbH, Norderstedt Germany
ISBN: 978-3-640-44606-3

Johannes Gutenberg Universität Mainz
Geographisches Institut

Hauptseminar
„Landschaftswasser – und Stoffhaushalt"
SS 2009

Vergleich des Stoffhaushaltes von
Nieder- und Hochmoor

Abgabetermin: 09.06.2009 (Hausarbeit)

Name: Christian Thomas Benner

Studienfächer: Geographie, Physik, Bildungswissenschaften
Semesteranzahl: 5

A   Inhaltsverzeichnis

1   Faszination Moor – Bedeutung von Nieder- und Hochmooren

„O schaurig ist's übers Moor zu gehn,

Wenn es wimmelt vom Heiderauche,

Sich wie Phantome die Dünste drehn

Und die Ranke häkelt am Strauche,

Unter jedem Tritte ein Quellchen springt,

Wenn aus der Spalte es zischt und singt,

O schaurig ist's übers Moor zu gehn,

Wenn das Röhricht knistert im Hauche!

(Annette von Droste-Hülshoff, 1841)."

Moore faszinieren die Menschen, und das nicht erst seit heute, wie ANNETTE VON DROSTE-HÜLSHOFFs obige Strophe aus ihrem Gedicht *„Der Knabe im Moor"* beweist. Assoziierte man Moore früher mit mystischen Plätzen, dunklen Ecken und gefährlichen Orten, so hat sich diese Sichtweise heute grundlegend gewandelt:

„*Lebende Moore* zeichnen sich durch ihren Wasserüberschuss, bis zu mehrere Meter tiefe Torfschichten und eine torfbildende Vegetation aus. Die Entwicklung von Mooren dauert Jahrtausende. Weltweit gibt es Schätzungen zu Folge 4 Mio. km^2 an sogenannten *Torflandschaften*, also Flächen mit Torfböden. 60% davon dürften (noch) aktiv torfbildende Moore sein. Diese Feuchtgebiete *erfüllen wichtige Funktionen als globale Wasser-, Kohlenstoff- und Nährstoffspeicher*. Moore haben damit für den *Klimaschutz* und für die *Sicherung von sauberem und ausreichendem Trinkwasser globale Bedeutung*. Feuchtgebiete und im speziellen Moore sind aber auch *Lebensraum einer einzigartigen Artenvielfalt*. In intensiv genutzten Landschaften sind sie oft die letzten *naturnahen Refugien* seltener Arten. Moore gehören zu den bedrohtesten Lebensräumen. Der Grund liegt im *hohen Nutzungsdruck durch Land- und Forstwirtschaft*, Torfabbau, aber auch *Siedlungs- und Infrastrukturprojekte*. Enorme Flächen wurden vor allem in Westeuropa bisher zerstört. Deshalb stehen Moore heute unter dem *strengen Schutz* nationaler und internationaler Gesetze (RAMSAR – KONVENTION, FAUNA – FLORA – HABITAT – RICHTLINIE, Naturschutzgesetze der [Bundes-] Länder) (WWF AUSTRIA 2009)."

Wie das obige Zitat des WORLD WIDE FUND FOR NATURE (WWF) AUSTRIA zeigt, leisten Moore einen essentiell wertvollen Beitrag im „Ökosystem Erde". Ein solch wichtiger „Beitraggeber" lohnt näher betrachtet zu werden; dies soll in den folgenden einzelnen Kapiteln geschehen, besonderes Augenmerk wird dabei auf den Stoffhaushalt der Nieder- und Hochmoore gelegt.

2 Niedermoore

2.1 Auslösende Faktoren für die Entstehung von Niedermooren

Ein Moor, das unter dem Einfluss von *nährstoffreichem* Grundwasser *(bzw. Mineralbodenwasser)* steht, nennt man *Niedermoor* oder auch *topogenes* (=grundwasserbeeinflusstes) *Moor* (ZEPP [3]2002: 285). In der DEUTSCHEN BODENSYSTEMATIK der AD HOC AG BODEN bilden Moore eine eigene Klasse mit dem Kürzel H, Niedermoore werden mit HN gekennzeichnet (AG BODEN 2005: 258). Zu vermehrtem Niedermoorwachstum kommt es mit *zunehmenden Niederschlägen* aufgrund der langsamen *Erwärmung der Atmosphäre* und dem damit verbundenem Anstieg des Grundwassers im späten Pleistozän sowie im Holozän. Annähernd der gesamte *glaziale Formenschatz* der letzten Eiszeit (Weichsel-Eiszeit) ist an der Entstehung der Niedermoore beteiligt gewesen; Grund- und Oberflächenwasser sammelt sich im späten Pleistozän z.B. in Toteislöchern (Söllen) oder in Resten von durch das langsam zurückweichende Inlandeis zu Tage tretenden, eingetieften Zungenbecken. Im Holozän spielen zunehmend z.B. auch *Altwasserarme* von Flüssen oder *Einsturztrichter* (Erdfälle) für den Niedermoorentstehungsprozess eine wichtige Rolle. In Küstenbereichen ist es der seit der letzten Eiszeit anhaltende *Meeresspiegelanstieg*, der dort zur Bildung von Niedermooren einen entscheidenden Beitrag leistet. (vgl. SCHWAAR 1994, ZEPP [3]2002: 284-285).

2.2 Aufbau und Bildungsprozesse von Niedermooren

2.2.1 Die vertikale Gliederung natürlich wachsender Niedermoore

Natürlich wachsende (Nieder-)Moore können in zwei größere Schichten unterteilt werden: Das *Akrotelm* und das *Katotelm*. Das Akrotelm stellt den oberen, aufliegenden Bereich des Moores dar und umfasst den Moorboden sowie die Vegetationsschicht. Hier entstehen durch Wachstum und Absterben von Pflanzenmaterial die frischen organischen Substanzen. Das Katotelm stellt den darunter liegenden, wassergesättigten Bereich des Moores dar, mit geringerer biologischer Aktivität; diese Schicht wird aufgrund der hier nur noch geringfügig ablaufenden bodenbildenden Prozesse zum *geologischen Untergrund* gezählt. Zwischen Katotelm und der lebenden, vielgearteten Vegetationsschicht befindet sich als unterer Teil des Akrotelms der *Moorboden*, welcher den sogenannten *Torfbildungshorizont* bildet. (vgl. SUCCOW 2001: 42-43).

2.2.2 Wie Niedermoore entstehen und vergehen

Unvollkommen zersetzte Pflanzenreste nährstoffreicher Standorte können unter verschiedenen Bedingungen abgelagert werden und somit *Torf* bilden (AG BODEN 2005: 257). Man spricht von *Torfen*, wenn das unvollständig zersetzte Pflanzenmaterial mehr als 30 Masse-% *organische Substanz* enthält und von *Mooren*, wenn Torflagen von >30 cm Mächtigkeit anstehen (ZECH/ HINTERMAIER 2002: 19). Welche *Prozesse* an der *Genese* von Niedermooren beteiligt sind, soll im Folgenden erläutert werden:

2.2.2.1 Typische Niedermoor-Bildungsprozesse (nach: SCHWAAR 1994):

a)   *Verlandung*: meint einen Vorgang der Torfbildung, der am Grund von Dauergewässern (*perennierenden Gewässern*) stattfindet. Pflanzen, deren Biomasseproduktion ständig im Wasser erfolgt, wie z.B. bei Algen oder auch bei Über-/Unterwasserblühern, sterben ab und bilden nach ihrem Absinken zu Boden sogenannte *subaquatische* oder *Unterwasser-Torfe*. Diese wiederum liegen oft auf, auf einer Schicht aus *limnischen Sedimenten* (z.B. abgestorbene Algen/ schluffiger Staubeintrag), auch *Mudden* genannt, deren Entstehung bis in die Jüngere Tundrenzeit des Pleistozäns zurückreicht. Durch stetige Fortsetzung dieses Torfbildungsprozesses kommt es zur gänzlichen *Verlandung* des Gewässers und ein Niedermoor bildet sich.

b)   *Versumpfung*: beschreibt den Vorgang, bei dem durch ganzjährig hoch anstehendes Grundwasser unvollständig zersetzte Pflanzenmasse (z.B. von Röhrichten oder Großseggenrasen) an der Bodenoberfläche abgelagert und durch die Dauerfeuchte zu Torf umgebildet wird.

c)   *Überflutung*: *Überflutungsmoore* sind Versumpfungsmoore, die bei besonderen Niederschlagsereignissen von Hochwasser überflutet werden. Sie liegen nahezu ausschließlich in Flußauen des pleistozänen Hochlandes oder an Küstengebieten.

d)   *Verhalten des Grundwassers*: *Stehendes Grundwasser* und *strömendes Grundwasser* führen gleichermaßen zu Niedermoorbildung. So geschieht das Verlanden eines Sees fast nur in stehenden Gewässern, wohingegen aus Erhebungen im Relief eines Tales seitlich abfließendes Wasser weite Bereiche des Tales zu *Durchströmungsmooren* umbilden kann; eine besondere Erscheinung sind die *Quellmoore*, die ihre Entstehung starken Wasserausschüttungen verdanken, welche zum Teil weitläufig die Umgebung des Austrittes vernässen.

2.2.2.2   Das Ende der Niedermoorbildungsprozesse

Niedermoorbildung erfolgt in der Regel solange, wie die torfbildende Vegetation mit ihrem Wurzelwerk das nährstoffreiche Grundwasser erreichen kann. Ist dies nicht mehr erreichbar, so tritt zuerst *Wachstumsverlangsamung* und schließlich *Wachstumsstillstand* ein. Ist das vorherrschende Klima humid, so kann sich das ursprüngliche *Niedermoor zu einem Hochmoor* umentwickeln, da nährstoffarmes Regenwasser nun die Wasserversorgung sicherstellt und das anspruchslosere *Sphagnum-Moos* konkurrenzfähig wird (ZECH/ HINTERMAIER 2002: 19). Auch menschliche Eingriffe, wie z.B. die Umnutzung eines Niedermoores für landwirtschaftliche Zwecke oder auch wirtschaftliche Zwecke wie der Torfgewinnung, führen zu Wachstumsstillstand und sogar *–rückgang.* (vgl. FISCHER [3]2003: 98).

2.3   Typologie und Wasserbilanz von Niedermooren

2.3.1 Hydrologische Moortypen des Niedermoors (nach: SUCCOW 2001):

Im Unterschied zu den nur *von Regenwasser gespeisten Hochmooren* stehen Niedermoore, wie bereits erwähnt, in direktem Kontakt mit dem Grundwasser der umliegenden *anstehenden Mineralböden*, was den *Nährstoffreichtum* erklärt. Doch auch hier gilt: Niedermoor ist nicht gleich Niedermoor. Je nach hydrogeologischen Standortbedingungen lassen sich Niedermoore in *hydrologische Moortypen* einteilen. Im Folgenden sind die wesentlichsten kurz aufgeführt:

a)   *Verlandungsmoor.* Das Grundwasser im Moor steht im Kontakt mit dem Wasserspiegel eines offenen Gewässers. Unter den Torfen stehen zum Teil mächtige Muddelagen (z.B. Ton-, Schluff- oder Sandmudden) an (vgl. Abb.1 D).

b)   *Überflutungsmoor.* Periodisch werden die Moorflächen hier von Hochwasser überflutet. Aufgrund der nach dem Hochwasserereignis stattfindenden *Sedimentierung der Flussfracht,* sind die Torfe hier oft mit nährstoffreichen Sand-, Schluff- oder Tonmudden durchsetzt (vgl. Abb.1 E).

c)   *Versumpfungsmoor.* Durch einen Grundwasseranstieg bedingt, kommt es bei dieser Moorvariante zur Vermoorung. Die Torfe liegen häufig auf durchlässigen (z.B. sandigen) Mineralböden auf, welche das Landschaftsbild vor der Versumpfung bestimmt haben (vgl. Abb.1 C).

d)   *Durchströmungsmoor:* (Grund-)Wasser fließt überwiegend horizontal durch die Torfe hindurch hang- und talabwärts ab. Aufgrund des stetigen Wasserflusses kommt es zur Vermoorung (vgl. Abb.1 G).

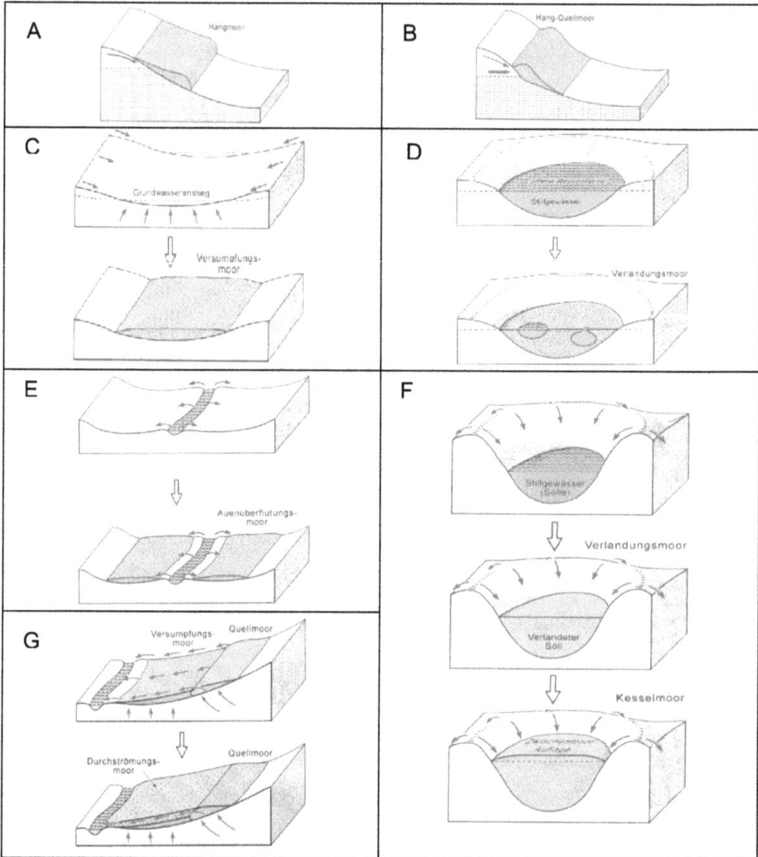

Abb.1: Schemata hydrologischer Moortypen (nach: HUTTER et al. 1997)

e)   *Quellmoor:* Bei diesem Niedermoortyp findet man hauptsächlich punktuelle Wasseraustritte, aus Quellen, vor. Dadurch kommt es hier häufig zu lithogen bedingten Kalk- oder Eisenablagerungen innerhalb der Torfe rund um die Austrittsstelle (vgl. Abb.1 B).

f)   *Hangmoor:* Oberhalb des Moores liegend befinden sich sehr gering wasserdurchlässige Gesteinsschichten, sodass hier das Grundwasser in höher gelegenen, mineralischen Bodenhorizonten als Hangwasser abfließen muss. Weiter hangabwärts kommt es so zu einem Wasserüberschuss in den höheren Bodenhorizonten und der Niedermoorbildungsprozess setzt ein (vgl. Abb.1 A).

g)   *Kesselmoor:* Durch Oberflächenabfluss sammelt sich Wasser, welches zuvor die Mineralböden der umliegenden Umgebung durchflossen hat, in kleineren Vertiefungen im Gelände. Dies ist auch der Grund, warum Kesselmoore aufgrund ihrer kleinen Wassereinzugsgebiete zu den kleineren Niedermoortypen gezählt werden (vgl. Abb.1 F).

2.3.2 Die Wasserbilanz eines Niedermoores (nach: GÖTTLICH [2]1980):

Die *Wasserbilanz* eines Niedermoores hängt entscheidend ab von den nachfolgend aufgeführten Faktoren: dem *Niederschlag* (N), dem *(aufsteigenden) Grundwasser* (aG), dem *kapillaren Aufstieg* des Bodenwassers (kA), dem *Oberflächenzufluss* (OZ), dem *Oberflächenabfluss* (OA), dem *lateralen Abfluss* bzw. Abfluss durch (natürliche oder anthropogene) *Dränung* (D) und der *Verdunstung* (V), welche sich aus *Evaporation* und *Transpiration* zusammensetzt.. Bezeichnet ferner W den „Wasserreichtum" eines Niedermoores, so lässt sich nun die Wasserhaushaltsgleichung im Moor vereinfacht darstellen zu:

$$W = N + aG + kA + OZ - OA - D - V \pm \delta R$$

Ist W > 0 und erreicht die torfbildende Vegetation noch das nährstoffreiche Grundwasser, so wächst das Niedermoor, da insgesamt genügend Wasser vorhanden ist um den Torfbildungsprozess nicht abbrechen zu lassen. Ist W = 0, so kommt es allmählich zum Wachstumsstillstand, denn dem Moor fehlt in diesem Fall der zusätzliche Zufluss von *Fremdwasser* (Grund- oder Oberflächenwasser), sodass das Moor fast ausschließlich durch den eigenen, in sich gespeicherten *Wasservorrat* (δR) am leben erhalten wird. δR stellt diejenige Menge an Wasser dar, die für den Niedermoorbildungsprozess unabkömmlich ist, denn erst bei Anwesenheit dieser standort- und vegetationsabhängigen, zur Größe des Moores proportionalen Grundmenge an Wasser kann sich ein Niedermoor bilden bzw. erhalten. Sie ist auch der Grund dafür, dass Moore als „natürliche Wasserspeicher" angesehen werden, welche vielen Bächen als Quellgebiet dienen. Bei W < 0 schrumpft das Niedermoor, hier fehlt ebenfalls der Zufluss von Fremdwasser und der gespeicherte Wasservorrat wird aufgezehrt. (vgl. EGGELSMANN, R. in GÖTTLICH [2]1980: 214-215).

2.4   Mineralisierung

Mineralisierung bezeichnet die „letzte Stufe des Abbaues der abgestorbenen organischen Substanz im Humus (LESER [13]2005: 560)". In Niedermoorböden wird die Mineralisierung, wie in Mineralböden auch, *ausschließlich von Mikroorganismen* (Pilze und Bakterien) vollzogen. Sie steht in Abhängigkeit von der *Torfart*, dem *Zersetzungs- oder Vererdungsgrad*, d.h. dem Gehalt an leicht abbaubarer *organischer Substanz*, dem *Kohlenstoff-Stickstoff-Verhältnis*, dem Gehalt an *mineralischen Nährstoffen*, dem *pH-Wert* der Torfe, dem *Wasser- und Lufthaushalt* des Bodens sowie der *Bodentemperatur*. Umsetzungen biochemischer Art finden überwiegend in den obersten, besser durchlüfteten Bodenbereichen statt, analog zu Mineralböden. *Anthropogener Einfluss* durch *Pflugarbeit und Düngung*, aber auch der *Einsatz von Schneekanonen* im Gebirge (vgl. VEIT 2002: 224), kann zu einer Erhöhung des Nährstoffeintrages sowie einer Verbesserung der Verteilung der Nährstoffe und der organischen Substanz auch in unteren Bodenschichten führen, sodass die biochemischen Umsetzungen, und damit der Torfabbau durch Mineralisierung, auch hier besser ablaufen können. (vgl. SCHEFFER 1994).

2.5   Stickstoff-Umsatz von Niedermoorböden

Niedermoorböden unterscheiden sich von Hochmoor- oder Mineralböden vorallendingen durch ihren *höheren Stickstoffgehalt*; dieser wird bei der Zersetzung und Mineralisierung der abgestorbenen Vegetation (welche in Niedermooren durch das nährstoffreiche Grundwasser sehr üppig ist, was zu einem hohen Stoffumsatz und somit auch Stickstoffumsatz führt) freigesetzt (STAHR 2008: 167). Im Niedermoor wird Stickstoff (N) zum Teil durch die Vegetation aufgenommen und verwertet, zum Teil erneut in organische Bodensubstanz inkorporiert (durch Bodenfauna/ Mikroorganismen), aber auch als Nitrat ausgewaschen und nach der Denitrifikation als N_2 und N_2O in die Atmosphäre abgegeben. Die einzelnen in Niedermoorböden typischen Stickstoffumsetzungen *N-Mineralisierung (Mineralisation)*, *N-Immobilisation (Humifizierung)*, *Nitrifikation* und *Denitrifikation* laufen zeitgleich, nebeneinander ab. Die Intensität der Mineralisation wird durch die gegenläufigen, geringeren Umsetzungsraten der Humifizierung abgeschwächt. Eine getrennte Betrachtung beider Prozesse ist daher schwer umzusetzen (vgl. SCHEFFER 1994). Im Nachfolgenden soll an dieser Stelle nur auf die N-Mineralisierung und Denitrifikation näher eingegangen werden:

2.5.1 N-Mineralisierung und Nitratbildung (in naturbelassenen Niedermooren)

Wie bereits erwähnt, findet Mineralisierung in einem Niedermoor, analog zu Mineralböden, durch Mikroorganismen statt. Diese stellen gewisse Ansprüche an den Boden, sodaß Mineralisierung durch Mikroorganismen stark vom *pH-Wert des (Nieder-) Moorbodens*, dem *Wassergehalt* bzw. der *Bodenfeuchte* des Bodens abhängt. Hierauf soll im Folgenden kurz eingegangen werden:

Der *pH-Wert* eines Bodens hängt wiederum entscheidend vom anstehenden Ausgangsgestein ab, welches je nach stofflicher Zusammensetzung eher *sauer oder kalkhaltig* sein kann (vgl. SCHEFFER 1994). Für den Stickstoffhaushalt eines Niedermoores spielt diese Tatsache eine tragende Rolle: „In einem kalkhaltigen Niedermoorboden können bis 600 kg N/ha in 0-90 cm Bodentiefe *als Nitrat* vorliegen, dagegen in gleicher Tiefe in einem sauren Niedermoorboden nur 10-20 kg N/ha (SCHEFFER 1994)". Die *Ammonium* (NH_4) - Gehalte verhalten sich ähnlich: „ [...] hoch im kalkhaltigen Niedermoorboden (bis 300 kg NH_4-N/ha [Ammonium-Stickstoff/ha] in 0-90 cm) und niedrig im sauren Niedermoorboden (SCHEFFER 1994)". Solch hohe Stickstoffmengen können von der Niedermoorvegetation allein nicht verwertet werden, es kommt vor allem im Winterhalbjahr zur *Nitrat-Auswaschung* aus dem Boden. Die hemmende Wirkung saurer Niedermoorböden auf die N-Mineralisierung und Nitratbildung, bedingt durch *fehlende Agilität* der Mikroorganismen, wird somit deutlich.

N-Mineralisierung und Nitratbildung in Niedermooren sind *aerobe Prozesse*, sie hängen, wie bereits erwähnt, ebenfalls vom Wassergehalt bzw. der Bodenfeuchte, also letztlich vom *Höhenstand des Grundwassers*, ab. Je niedriger das Grundwasser ansteht, um so höher liegen die Nitratwerte im Niedermoorboden (vgl. SCHEFFER/TOTH 1979). Umgekehrt nimmt der *Nitrataustrag* mit zunehmendem Grundwasserstand zu, Nitrat wird dann unter *anaeroben Bedingungen denitrifiziert*. So konnte z.B. RÜCK (1991) folgendes nachweisen: „ [...] in kalkhaltigen Niedermoorböden [ist] bei hohen Grundwasserständen kaum oder kein Nitrat im Boden vorhanden [...], mit abnehmendem Grundwasserstand [treten] höhere Nitratgehalte im Boden [auf] und auch hohe Nitratausträge ins Grundwasser [sind festzustellen] (SCHEFFER 1994)". Aus RÜCKs Arbeit wird deutlich, wie Grundwasserstand und pH-Wert zusammenspielen; dies ist ein weiteres Beispiel dafür, dass in Niedermooren Prozesse in den beiden unterschiedlichen Schichten, Akrotelm (vor allem im Moorboden) und Katotelm, zeitgleich und nebeneinander ablaufen.

2.5.2 Denitrifikation (in naturbelassenen Niedermooren)

Durch *Denitrifikation* wird Nitrat *unter anaeroben Bedingungen* letztendlich in elementaren Stickstoff reduziert. Nitrit und Distickstoffoxid (N_2O) können dabei als Zwischenstufen bzw. Nebenprodukte auftreten (vgl. SCHEFFER 1994). Unter 'anaeroben Bedingungen' versteht man einen Sauerstoffgehalt im Boden von <16% im Vergleich zu Luft (vgl. SCHEFFER 1994). Der Prozess der Denitrifikation ist *temperaturabhängig*; er beginnt ab ca. 5 °C Bodentemperatur und hat sein Optimum bei 20 °C - 25 °C, d.h. er findet überwiegend im Sommerhalbjahr statt. Der Denitrifikation in Niedermoorböden ist ein hoher Stellenwert einzuordnen, so konnte RICHTER (1987) zeigen, dass sich durch Denitrifikation bedingte Stickstoffverluste auf bis zu 200 kg Stickstoff pro Hektar und Jahr belaufen können. Ferner hat nach RICHTER (1987) der „ [...] pH-Wert der Niedermoore [...] keinen oder nur einen geringen Einfluss auf die Denitrifikation. Entscheidend ist das Vorhandensein leicht abbaubarer organischer Substanz [...] (SCHEFFER 1994)". *Entwässerung* und *anthropogener* Eintrag von *leicht abbaubarem, organischem Dünger* (z.B. Jauche, Stallmist, Gülle) führen zu einer erhöhten Denitrifikation auch im Oberboden (vgl. RICHTER 1987). Endprodukte der Denitrifikation sind Stickstoff (N_2), aber auch N_2O (letzteres vor allem in sauren Böden); da N_2O jedoch sehr gut wasserlöslich ist, gelangt es aus den grundwasserführenden, tieferen Bodenschichten kaum an die Oberfläche (vgl. SCHEFFER 1994).

2.6   Die Phospat- bzw. Phosphordynamik in Niedermoorböden

Phosphate sind eine spezielle Form des *Phosphors* (P) und kommen (wie P) in natürlich wachsenden Niedermooren lediglich in *relativ geringen Mengen* vor; diese mit nur ca. 0,1% P_2O_5 geringen Mengen tragen jedoch entschieden zum Nährstoffhaushalt eines Niedermoores bei (vgl. GROSSE-BRAUCKMANN, G. in GÖTTLICH [2]1980: 166). Das in Niedermooren vorkommende Phosphat entstammt neben *lithogenem* (→*Apatit*) auch *anthropogenem Ursprung*, z.B. durch direkte *Düngung*. Phosphor, gleich welchen Ursprungs, wird in den aschereichen Niedermoorböden mit unterschiedlichem Gehalt an Eisen und Calcium ähnlich fest durch Ionenbindung gebunden, wie in Mineralböden. Zu einer Auswaschung im großen Stile kommt es in Niedermooren daher kaum (vgl. SCHEFFER 1994). Pflanzen bedienen sich des Nährstoffs Phosphor über ihre Wurzeln, jedoch zeigen Studien von SCHEFFER et al. (1991), dass Pflanzen durch Düngung oft einem Überangebot an Phosphat gegenüberstehen, sodass es langfristig zu *Phosphatakkumulationen* im Niedermoorboden kommen kann.

2.7 Kohlenstoff-Umsatz von Niedermoorböden

Die *positive Stoffbilanz* in Niedermooren lässt sie als *weltweite Stickstoff-*, aber auch als *Kohlenstoffsenke* wirken; dies meint, dass hier Kohlenstoff (C) organisch gebunden als Torf akkumuliert wird und somit als Kohlenstoffdioxid (CO_2) nicht mehr in die Atmosphäre gelangen kann (vgl. SUCCOW 2001: 2). Torfanreicherungen sind gekennzeichnet durch einen hohen Gehalt an Kohlenstoff, ungefähr 50% der trockenen, organischen Substanz. In einem natürlich wachsenden Niedermoor wird Kohlenstoff akkumuliert, da die *Rate der Biomassenproduktion* größer ist als die *Rate der Dekomposition* (=Zersetzung) (vgl. JOOSTEN/CLARKE 2002: 33). Diese Tatsache führt auf die folgende Erkenntnis: „The accumulation of peat involves an *interaction between plant productivity and C losses* through the process of decay, leaching, mire fires and deposition of C into the mineral soil beneath peat layers (JOOSTEN/CLARKE 2002: 33)". Der durch die Pflanzenvegetation der Atmosphäre entzogene Kohlenstoff (als CO_2 *für Pflanzen lebenswichtig*, um *Fotosynthese* und somit *Celluloseaufbau* betreiben zu können), wird nach dem Absterben ebendieser im toten Pflanzenmaterial organisch gebunden und letzten Endes im Katotelm dauerhaft akkumuliert. Auf diese Weise enden ca. 5 -10 % der weltweit produzierten Biomasse jährlich als Torf (vgl. JOOSTEN/CLARKE 2002: 34). Als zusätzliche Kohlenstoffsenke wirkt der *mineralische Unterboden* unterhalb der Niedermoortorfe, welcher bis zu 5 % des globalen Kohlenstoffvorkommens mineralisch binden kann (vgl. JOOSTEN/CLARKE 2002: 35). Neben dem durch Pflanzen(-sterben) eingebrachten organischen Kohlenstoff aus der vorherigen „CO_2-Verwertung" wird in Niedermoorböden auch gelöster Kohlenstoff (vor allem *Carbonate*) durch einströmendes Grundwasser eingetragen (vgl. SUCCOW 2001: 19). Heutzutage wird die Kohlenstoff-Speicherungsrate von Mooren auf 40 -70 Millionen Tonnen C pro Jahr geschätzt. Nach JOOSTEN/CLARKE (2002: 35) speichern alleine die subborealen und borealen Moorgebiete der Erde 270 – 370 * 10^{15} g Kohlenstoff in ihren torfführenden Moorböden. Durch Torfabbau und Torffreilegung sowie die vielfältige landwirtschaftliche Nutzung der Niedermoorböden (z.B. durch Beackerung, Dränung, Entwässerung und Trockenlegung, etc.), können sich die eigentlich als Kohlenstoffsenke fungierenden Niedermoore auch zu *Kohlenstoffquellen* entwickeln; mit ihren akkumulierten, kohlenstoffreichen Horizonten stellen sie ja einen riesigen Nährstoffvorrat dar und emittieren dann enorme Mengen an klimaschädlichem CO_2, Methan und anderen Gase in die Atmosphäre (vgl. JOOSTEN/CLARKE 2002: 35, SUCCOW 2001: 19). Abb.2 gibt einen Überblick über die Nährstoffeinträge in ein Moor.

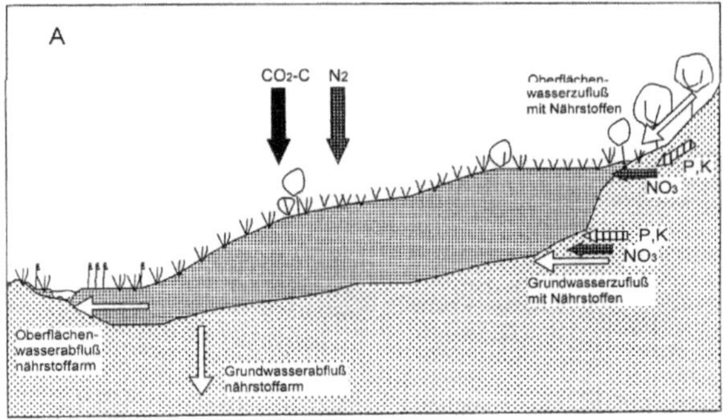

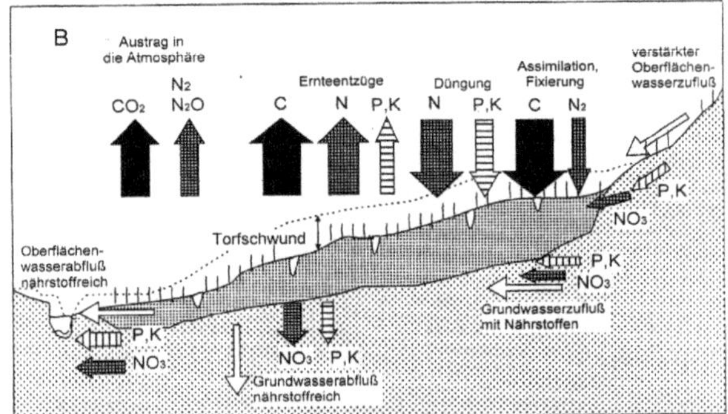

Abb.2: Schematische Darstellung der Stoffflüsse bzw. -bilanzen in einem naturnahen (A) und einem entwässerten, intensiv genutzten (B) Grundwassermoor (verändert nach PFADENHAUER 1994). Das naturnahe Moor stellt ein akkumulierendes Ökosystem dar, das Kohlenstoff und Stickstoff in den Torfen fixiert und dem Stoffkreislauf Nährstoffe entzieht. Bei Entwässerung werden Stickstoff und Kohlenstoff durch Mineralisation der Torfe freigesetzt und gelangen in die Atmosphäre und ins Grundwasser.

(aus: SCHOPP-GUTH 1999)

2.8 Schwefel-Umsetzungsprozesse in Niedermooren

„Eines der am leichtesten wahrnehmbaren Reaktionsprodukte des Stoffkreislaufes in wachsenden [Nieder-]Mooren ist der durch seinen *Geruch nach faulen Eiern* charakteristische *Schwefelwasserstoff* (H_2S) (SUCCOW 2001: 22)". H_2S stellt die reduzierteste Form von Schwefel in einem Moor dar. „Die Ausgasung von Schwefelwasserstoff aus einem Moor ist damit ein eindeutiger Beleg für anaerobe Umweltbedingungen im Torf (SUCCOW 2001: 22)". *Schwefel* gelangt in der Mehrzahl der Fälle über Niederschläge und Grundwasserzufluss in der Form *Sulfat* in die Niedermoore; in dieser Form wird er von Pflanzen bevorzugt aufgenommen. Sulfat ist sehr gut wasserlöslich, sodaß eine Auswaschung nicht selten zu beobachten ist. Mikroorganismen, sogenannte *Sulfatreduzierer*, reduzieren Sulfat zu Sulfid; dieses kann Reaktionen mit Metallen (z.B. Eisen (Fe)) eingehen und schließlich als Metallsulfid (z.B. Eisensulfid, was die rot-schwarze Färbung der Niedermoorböden verursacht) ausgefällt werden. Dieser Prozess wiederum ist äußerst wichtig, da Sulfid sehr giftig ist, sowohl für Pflanzen, aber auch für andere Mikroorganismen im Boden; ein Metallsulfid dagegen schädigt die Mikrofauna und Flora eines Niedermoores nicht (vgl. SUCCOW 2001: 23). Nachteil des Entgiftungsmechanismus' ist, dass wichtige Spurenelemente wie Zink oder Kupfer dann als Zink- bzw. Kupfersulfid vorliegen und höheren Pflanzen nicht mehr als Nährstoffe zur Verfügung stehen. Gelangen durch einen Grundwasserabstieg, bedingt durch z.B. Trockenlegung, Entwässerung oder Dränung, derartige metallsulfidführende Torfschichten an die Oberfläche, so findet eine *Reoxidation* statt und das Moor wird sauer (pH-Wert <2,5) und vegetationsfeindlich. Ein Teil des dabei gebildete H_2S kann im aeroben Milieu des Akrotelms wieder zu Sulfat oxidiert werden. Der meiste Schwefel in Niedermooren liegt organisch gebunden in Pflanzen vor, er muß, damit er für Pflanzen wieder verfügbar ist, erst nach Absterben der Pflanzen mineralisiert werden – analog zur N-Mineralisierung (vgl. SUCCOW 2001: 23).

3 Hochmoore

3.1 Zum Typus der Hochmoore

> *„Vom Regen nur und Tau des Himmels ist es aufgewachsen*
> *Die Erde nährt es nicht*
> *Und wenn das Wasser sonst den Abhang eilends flieht*
> *Hier siehst Du es auf Höh und Abhang weilen*
> *(Johannes Dau, 1823)"*

Ein Hochmoor, ein hohes Moor, ist ein Paradox: Es vereinigt in sich zwei im allgemeinen entgegengesetzte Eigenschaften: Hoch und nass. Hoch und trocken sind die normalen Bedingungen, hoch und nass ein abnormaler, instabiler Zustand (JOOSTEN 1993).

Dort, wo sich an feuchten oder nassen Stellen Torfmoose der Gattung *Sphagnum* oder Bleichmoose der Gattung *Leucobryum* ansiedeln, befinden sich die potentiellen Keimzellen von Hochmooren. Die beiden genannten Moosarten besitzen in ihren Blättchen zu Wasserspeichern umgebildete Zellen, mit deren Hilfe sie sich wie Schwämme mit Wasser vollsaugen können. Die einzelnen Pflänzchen wachsen an der Spitze ständig weiter, während sie unten absterben. Aufgrund der nassen Umgebung werden die abgestorbenen Teile nur unvollständig zersetzt. Sie lagern sich ab und vertorfen. Durch das stetige Wachstum der Torfmoose werden mächtige Schichten von *Sphagnum*-Torf gebildet. Das Moor erhält dabei eine konvexe Oberfläche und wölbt sich allmählich urglasförmig über seine Umgebung empor. Daher rührt der Name Hochmoor.

Sobald es dem Einfluss des Grundwassers entwachsen ist entwickelt es sich vollständig ombrotroph weiter. Da sowohl die Moose, wie auch der von ihnen gebildete Torf, das Niederschlagswasser sehr effizient kapillar festzuhalten vermögen, gleicht der gesamte Hochmoorkörper einem vollgesogenen Schwamm. Das Hochmoor hat somit sein *eigenes*, nährstoffarmes ‚Grundwasser' und verfügt somit über ein autonomes Wasserregime. Hinsichtlich der Mineralstoffernährung ist es ganz auf den Flugstaub und den geringen Ionengehalt des Regenwassers angewiesen. (OVERBECK 1975: 54f, POTT & HÜPPE 2007: 162).

Im bodenkundlichen Sinne sind Hochmoore Bildungen aus Torfen mit mindestens 3dm Mächtigkeit und einem Massenanteil an organischer Substanz von über 30% (AG BODEN 1996).

Chemische Messdaten aus Hochmooren ergaben mit pH-Werten zwischen 2,8 und 4,5 einen extrem geringen Gehalt an austauschbarem Calcium und ein C/N-Verhältnis von 20 bis 50 für Hochmoortorfe (POTT 1996: 73, Biotoptypen: Schützenswerte Lebensräume Deutschlands und angrenzender Regionen) und einen pH-Wertbereich von 3,5-6,0 für Hochmoorwässer sowie aus Hochmooren stammende Oberflächengewässer (EGGELSMANN 1990). Verursacht werden diese geringen pH-Werte vor allem durch die Torfmoosvegetation, die in der Lage ist, aus dem Niederschlags- und dem Umgebungswasser Nährstoffionen aufzunehmen und diese über Zellmenbranen in der Epidermis gegen Wasserstoffionen auszutauschen (BÖHM 2006). Sie versauern den Boden und verbessern ihre eigene Konkurrenzsituation gegenüber Gefäßpflanzen deutlich (CLYMO 1963).

Intakte Hochmoore sind Ökosysteme, die sich durch eine langfristig positive Stoffbilanz charakterisieren. Aufgrund der Tatsache, dass die Stoffakkumulation langfristig höher ist als der mikrobielle Abbau können sie als Stoffsenken bezeichnet werden (FREDE & BACH 1996). Aufgrund ihrer Funktion als Kohlenstoff-, aber auch Nährstoff und Schadstoffspeicher nehmen Moore eine bedeutende Funktion im Landschaftshaushalt wahr (SUCCOW & JESCHKE 1990).

3.2 Wasserhaushalt der Hochmoore

3.2.1 Zusammenhang zwischen Morphologie und Abflussregime eines Hochmoores

Da Hochmoore ausschließlich über Niederschläge mit Wasser versorgt werden (s.o.) ist Hochmoorentwicklung nur in Klimaten mit hohen Niederschlägen möglich. In Europa finden wir Hochmoore vor allem in küstennahen Regionen mit atlantischem Klima und in den Mittelgebirgen (Niederschläge über 700mm/Jahr) (POTT 1996: 73, Biotoptypen: Schützenswerte Lebensräume Deutschlands und angrenzender Regionen). In der Moorkunde werden verschieden Typen von Hochmooren unterschieden (OVERBECK 1975). Das für Nordwestdeutschland typische ist das Plateauhochmoor, dessen ‚uhrglasförmiger' Aufbau (siehe Abb. 3) ein charakteristisches Abflussregime mit speziellen hydromorphologischen Strukturen bedingt.

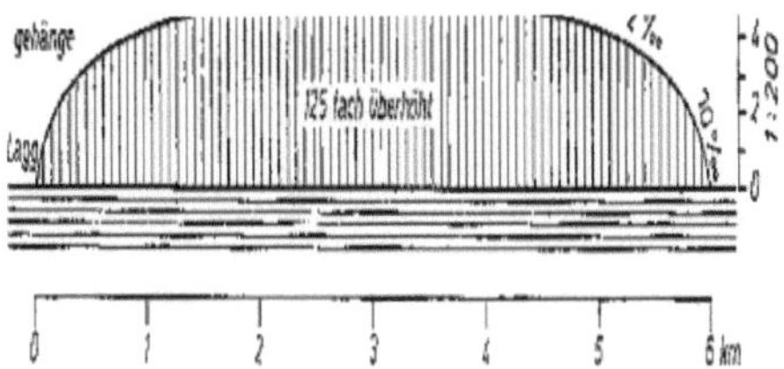

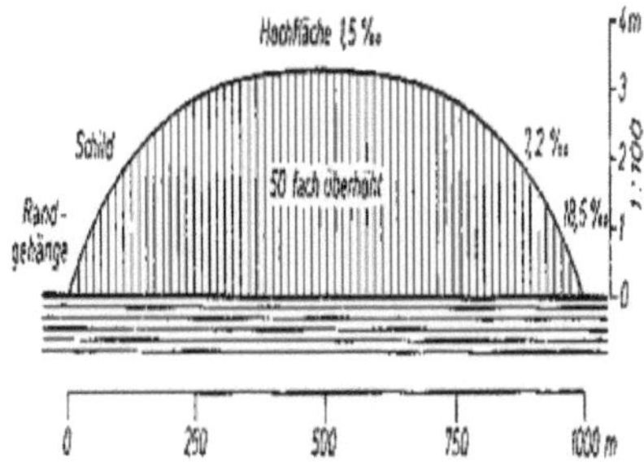

Abb.3: Schema der „Uhrenglasform" (aus: EGGELSMANN 1990)

Eine natürliche Entwässerung findet durch einen zentrifugal gerichteten Wasserfluss an den Randböschungen der Hochmoore statt. Der Abstand des Hochmooreigenen Grundwassers von der Mooroberfläche ist hier größer als in den zentralen Bereichen des Hochmoores. Das ‚Randgehänge' wird somit zu einer trockeneren Zone, die stärker verheidet. Der das Moor umsäumende Randsumpf wird umso nasser. In diesem Bereich sammelt sich das vom Moor abgegebene Wasser zusammen mit dem mineralreicheren Wasser aus der Umgebung, weshalb hier eine mesotrophe Vegetation charakteristisch ist. Wenn bei größeren Hochmooren oder in regenreichen Perioden oder nach der Schneeschmelze der Wasserüberschuss zu groß wird, um allein am Randgehänge abgegeben zu werden sammelt das Wasser sich in Hochmoorseen ('Kolken'), oder es sucht sich in Rinnsalen ('Rüllen') einen oberflächlichen Abfluss zum Moorrand. In diesen Bereichen trifft man auf eine von der übrigen Hochmoorfläche abweichende Vegetation mit etwas höheren Nährstoffansprüchen. (OVERBECK 1975: 55f).

EGGELSMANN veröffentlichte im Jahr 1967 Daten, nach denen Moorgebiete mit oberflächennahem Grundwasser eine etwa 10-15% höhere Verdunstung als Mineralböden im selben Klimabereich aufweisen (EGGELSMANN 1967, Oberflächengefälle und Abflussregime der Hochmoore). Unter trockenen Bedingungen hingegen wird die Verdunstung der Torfmoose aufgrund einer beschränkten Wassernachlieferung eingeschränkt.

3.2.2 Wasserbilanz eines intakten Hochmoores

Intakte Hochmoore stehen mit einem Wassergehalt von bis zu 97 Vol.-% im hydrologisch-geographischen Vergleich zwischen Land und See (EGGELSMANN 1990).

Die Wasserhaushaltsgleichung ist Folgende (EGGELSMANN 1981):

$$N = A_O + A_U + V + \Delta S$$

N [mm]	- Niederschlag	V [mm]	- Verdunstung
A_O [mm]	- oberirdischer Abfluss	ΔS [mm]	- Speicheränderung
A_U [mm]	- unterirdischer Abfluss		

In monatlichen und jährlichen Wasserbilanzen ist somit mit einer Wasservorratsänderung zu rechnen. Zu einem Anstieg kommt es in einer Periode mit hohem Niederschlag dann, wenn die Summe aus Versickerung und Verdunstung überschritten wird. Aufgrund der sehr geringen Durchlässigkeit des Katotelms ist die Versickerung (der vertikale Abfluss) im intakten Hochmoor gering. Versickerungsverluste liegen z.T. bei unter 50mm/a (SCHOUWENAARS 1994: 35).

Der Wasserkreislauf in Hochmooren wird weitgehend durch die Bilanzglieder Niederschlag, Verdunstung und Oberflächenabfluss dominiert (MÜLLER & BAUCHE 1998).

Um seinen Torfkörper zu erhalten, braucht ein Hochmoor nur eine sehr geringe Wasserzufuhr. Ist diese nicht konstant, wird in jedem Monat, in dem der Körper nicht wassergesättigt ist, der Torf oxidiert (JOOSTEN 1993).

Zu Zeiten positiver klimatischer Wasserbilanz können Weißtorfe des Akrotelms durch Quellung Wasser aufnehmen und dieses durch Evapotranspiration bei negativer klimatischer Wasserbilanz wieder abgeben. Die dadurch bewirkte Niveauänderung der Mooroberfläche wird als Mooroszillation bezeichnet und stellt ein direktes Maß für die Speicheränderung dar (1cm Oszillation entspricht 10mm Speicheränderung). Die Mooroszillation weist einen charakteristischen Jahresgang auf und ist in den Schlenken mit 30-50cm maximal. Durch sie werde Wasserstandsschwankungen abgepuffert und somit die dauerhafte Wassersättigung des Katotelms gewährleistet (EGGELSMANN 1981).

3.2.3 Sickerwasserverluste in Abhängigkeit von der Wasserdurchlässigkeit

Im Akrotelm beträgt der Volumenanteil des Wassers etwa 95% und der der organischen Substanz rund 5% (SCHOUWENAARS 1994). Die vielen Grobporen ermöglichen einerseits die hohe Wasserspeicherung, weshalb das Wasser in den oberen 10cm für Pflanzen leicht verfügbar ist, andererseits ist die Wasserversorgung der Torfmoose bei tieferen Grundwasserständen aufgrund mangelnder Nachlieferung durch dieselben stark eingeschränkt. Ein vollständiges Austrocknen der oberen Torfmoosschichten ist im Sommer häufig schon nach 5-10 Tagen zu beobachten (SCHOUWENAARS 1994).

Weil die auf Hochmooren wachsenden *Sphagnum*-Arten keine Wurzeln und wenig Kapillarität besitzen und somit weder längere Austrocknung noch längere Überstauung ertragen, wachsen sie nur in einem sehr beschränkten Wasserstandsbereich (JOOSTEN 1993).

Das Akrotelm muss sich ständig erneuern, um die notwendig große Speicherkapazität und den vertikalen Durchlässigkeitsgradienten zu erhalten. Die akrotelmbildenden Pflanzenarten müssen einen Kompromiss zwischen einer ziemlich langsamen und

einer ziemlich schnellen Humifikation und einer möglichst beschränkten Durchlässigkeit und einer möglichst großen Speicherkapazität gestalten (JOOSTEN 1993).

Durch den ständigen Aufwuchs neuen Akrotelms und Humifizierung durch unver-
meidbare Wasserschwankungen entwickelt sich ein System mit einem ausgeprägten
hydrologischen Durchlässigkeitsgradienten: im oberen Bereich bleibt es sehr grobpo-
rig und somit und wird tiefer nach unten allmählich feinporig (JOOSTEN 1993). Die
Verringerung des Grobporenanteils hat demnach entscheidende Auswirkungen auf
die gesättigte Wasserdurchlässigkeit der Torfe. Während die Wasserdurchlässigkeit
eines wenig zersetzten Hochmooortorfes (Weißtorf) mit der hohen Wasserdurchlässigkeit von Sand vergleichbar ist, entspricht die Wasserdurchlässigkeit eines stark
zersetzen Hochmoortorfes (Schwarztorf) der eines kohärenten Tones (SCHÄFER
1994) (vgl. auch Abb.4).

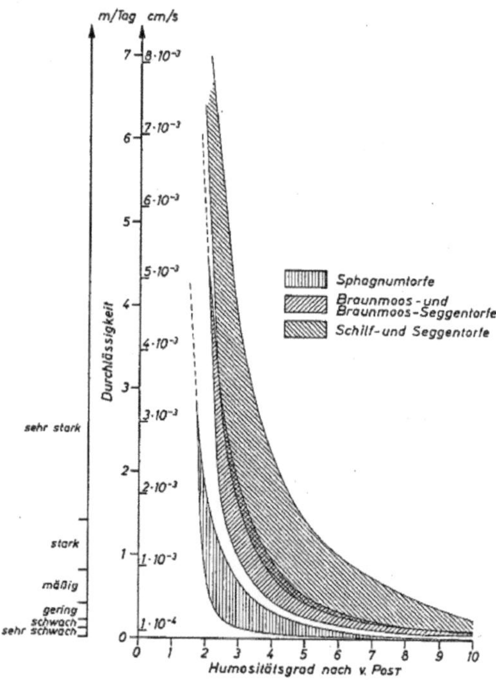

Abb. 4: Wasserdurchlässigkeit in Abhängigkeit vom Zersetzungsgrad

(aus: Baden/ Eggelsmann (1963) in: Schäfer 1994)

3.2.4 Trockenlegung der Hochmoore

In den vergangenen Jahrzehnten bis Jahrhunderten wurden große Teile der Hochmoorlandschaften für forst- und landwirtschaftliche Zwecke sowie durch Torfabbau durch die Anlage von Drainagegräben trockengelegt. Neben den physikalischen Effekten wie Verlust der Speicherkapazität für Niederschlagswasser und Schrumpfung des Torfkörpers, führt die Trockenlegung der Hochmoore zu einer Erhöhung der aeroben Mineralisation sowie zu einer Intensivierung der Stoffdynamik und des Nährstoffumsatzes. Aus einer solchen Mobilisierung der zum Zeitpunkt der Torfbildung fixierten Stoffe resultiert die Gefahr, dass sich das degradierte Hochmoor von einer Stoffsenke zu einer Stoffquelle entwickelt. (vgl. MÜLLER & BAUCHE 1998).

3.3 Stoffhaushalt der Hochmoorböden

3.3.1 Mineralisierung

Die Ernährung der moorbildenden Pflanzen in den Hochmooren erfolgt durch Mineralstoffe aus dem Niederschlagswasser und den abgestorbenen Pflanzen. Daher ist der Mineralstoffgehalt der Hochmoorböden mit 1-3 Gew.-% sehr gering (SCHEFFER, B. 1994).

Ebenso wie in Mineralböden wird die Mineralisierung der organischen Substanz der Moore von Mikroorganismen durchgeführt. Sie ist abhängig von der Torfart, dem Zersetzungsgrad, dem C:N-Verhältnis, dem Gehalt an Nährstoffen, dem pH-Wert, dem Wasser- und Lufthaushalt sowie der Bodentemperatur (FRERCKS & PUFFE 1959). FRERCKS und PUFFE konnten im Jahr 1959 unter Laborbedingungen nachweisen, dass die Bodenatmung, bzw. die CO_2-Freisetzung, von dem Zersetzungsgrad und der Torfart abhängig ist. In Niedermooren sind diese Umsetzungsprozesse deutlich höher als in Hochmoorböden.

Mineralisierung findet fast ausschließlich in den oberen, zumindest zeitweise durchlüfteten Bodenbereichen, dem Akrotelm (Torfbildungshorizont), statt. Gelangen die so gebildeten Torfe durch den permanenten Aufwuchs in das darunter liegende Katotelm, werden sie aufgrund des stark verlangsamten mikrobiellen Abbaus im anaeroben Milieu konserviert, weshalb dieses oftmals auch als Torferhaltungshorizont bezeichnet wird (INGRAM 1978).

Aufgrund eines weiten C:N-Verhältnisses und der niedrigen pH-Werte der Hochmoorböden sind diese biochemischen Umsetzungen hier deutlich geringer als in den weniger sauren Niedermoorböden (SCHEFFER, B. 1994). Kalkungen und Düngungen beschleunigen aber auch diese Prozesse in Hochmoorböden (FRERCKS & PUFFE 1959).

3.3.2. Kalium im Hochmoorboden

Infolge des hohen Anteils an organischer Substanz verfügen Hochmoorböden über eine hohe Kationenaustauschkapazität. Sie steigt mit dem Zersetzungsgrad der organischen Substanz und dem pH-Wert an und beträgt zwischen 50 und 450mmol/z/1000ml Boden (SCHEFFER, B. 1994). Zunehmende Zersetzung und Humifizierung der organischen Substanz infolge langjähriger landwirtschaftlicher Nutzung führen demnach zu hohen Kationenaustauschkapazitäten (KAK) im Oberboden (SCHEFFER, B. 1994). In Hochmoorböden sind die Austauscherplätze aufgrund der spezifischen Selektivität der Kationen vorwiegend mit zweiwertigen Kationen besetzt. In wissenschaftlichen Untersuchungen hat man feststellen können, dass vor einer landwirtschaftlichen Nutzung in küstennahen Gebieten Magnesium dominierte. Dieses wurde im Oberboden durch Kalkungen zunehmend durch Calcium ersetzt. Heute findet man in landwirtschaftlich genutzten Hochmoorböden daher häufig folgende Verteilung (vgl. Tab.1):

Tab.1: KAK (bei pH-Wert 4,5) und austauschbare Kationen eines sauren Hochmoorbodens unter Grünlandnutzung (SCHEFFER & BARTELS, 1982)

Tiefe (cm u. GOF)	pH (CaCl$_2$)	KAK (mmol/l)	H	K	Na	Ca	Mg
					(% der KAK)		
0–10	4,6	281	3	1	0	91	5
−20	3,7	140	16	0	0	76	8
−40	3,6	119	21	1	0	70	8
−60	3,1	83	41	1	0	42	16
−80	2,9	72	62	1	0	16	21

Einwertige Kationen, wie Kalium und Natrium werden kaum oder nur in kleinen Mengen sorbiert und unterliegen daher schnell der Auswaschung (SCHEFFER, B. 1994).

3.3.3. Kohlenstoff im Hochmoorboden

In intakten Hochmooren werden pro Jahr 0,2-0,3 tC/ha als Torf im Katotelm zurück-
gehalten (FREEMAN, EVANS, MONTEITH, REYNOLDS, & FENNER 2001). Es wird heute
davon ausgegangen, dass etwa 1/3 des globalen Kohlenstoffvorrats der Böden in
Mooren gespeichert ist (BÖHM 2006). Die Moore sind demnach von immenser Bedeutung für den globalen Kohlenstoffkreislauf (FREEMAN, EVANS, MONTEITH,
REYNOLDS, & FENNER 2001).

Wie weiter oben bereits erwähnt werden aufgrund des stark verlangsamten mikrobiellen Abbaus im Hochmoorboden große Mengen Kohlenstoff aus schwer abbauba-
ren Substanzen wie z.B. Lignin teilweise erhalten oder in Huminstoffe überführt und
im Katotelm gespeichert (KOPPISCH 2001). Leicht abbaubare Kohlenstoffverbindun-
gen wie Cellulose durchlaufen den sogenannten kurzen Kohlenstoffkreislauf (BÖHM
2006). Sie werden durch verschiedene aerobe und anearobe Umsatzprozesse als
Kohlenstoffdioxid (CO_2) und Methan (CH_4) an die Atmosphäre abgegeben. Eine nicht
zu vernachlässigende Menge Kohlenstoff wird in seiner gelösten Form als DOC über
das Moorwasser in Oberflächengewässer ausgeschwemmt (KOPPISCH 2001).

3.3.4. Stickstoffumsetzung und Auswaschung

Die Stickstoffmineralisation ist von der Sauerstoffverfügbarkeit, der Temperatur, dem
pH-Wert, der Lagerungsdichte und dem C:N-Verhältnis des Torfes abhängig und
schwankt entsprechend der Grundwasserstände, den Witterungsverhältnissen und
der Zersetzbarkeit der Torfe stark (SCHOPP-GUTH 1999).

Hochmoorböden sind demnach von Natur aus relativ stickstoffarme Standorte mit
einem weiten C:N-Verhältnis. Der niedrige pH-Wert hemmt nicht nur die Mineralisierung, sondern auch die Nitratbildung. Der Stickstoffaustrag ist, falls die Standorte
nicht überdüngt werden, bei sauren Hochmoorböden nicht höher als aus Mineralböden (SCHEFFER, B.1994). Nach Literaturangaben werden je nach Stickstoffgehalt der
Torfe bei locker gelagerten Hochmoorböden bei Torzersetzungsraten von 0,5 bis 2
cm pro Jahr theoretisch etwa 12 kg Stickstoff pro Jahr und Hektar ausgewaschen
(KUNTZE 1988).

3.3.5. Phosphatdynamik von Hochmoorböden

Neben Stickstoff ist vor allem Phosphor einer der wichtigsten Pflanzennährstoffe.
Das anorganische Phosphat (PO_4^{3-}) gilt in Hochmooren als Mangelnährstoff (BÖHM

2006). Es wird vermutet, dass dies weniger durch eine mangelnde PO_4-Verfügbarkeit als durch einer behinderte PO_4-Aufnahme bedingt ist (GELBRECHT & KOPPISCH 2001). Aufgrund des Mangels an Al^{3+}- und Fe^{3+}-Ionen in der Bodenlösung zu Fällung und Festlegung on Phosphaten unterliegt das überwiegend als Phosphat im Porenwasser gelöste anorganische Phosphor im anaeroben Milieu des Akrotelms einer erhöhten Mobilität (WILLIAMS & SILCOCK 2001). Die wenigen freien Kationen werden von der organischen Substanz als Chelate gebunden und können somit nicht mit Phosphaten reagieren (SCHEFFER, B. 1994). Lediglich ein geringer Anteil des Phosphates ist sorptiv an der Oberfläche von Huminstoffen gebunden (GELBRECHT & KOPPISCH 2001). Im Gegensatz zu Mineralböden, aber auch zu Niedermoorböden haben Hochmoorböden aufgrund dieser nur schwach ausgeprägter P-Rückhaltemechanismen einen hohen Phosphataustrag in oberflächennahe Gewässer (SCHEFFER, B. 1994). Er beträgt bei sauren Hochmoorböden je nach Nutzungsart zwischen 1,5 kg P/ha*a bei unkultivierten Hochmooren und bis zu 37 kg P/ha*a bei Ackernutzung (SCHEFFER, KUNTZE, & BARTELS 1990, Zur landbaulichen Verwertung von eisenhaltigen Industrieabfällen auf Hochmoorböden, vgl. Tab. 2). Eine Phosphatbevorratung der Hochmoorböden ist somit nicht möglich.

Tab.2: Literaturdaten zum Phosphataustrag aus Hochmoorböden (SCHEFFER, KUNTZE, & BARTELS 1990, Zur landbaulichen Verwertung von eisenhaltigen Industrieabfällen auf Hochmoorböden)

Nutzung (Düngung)	P-Austrag (kg P/ ha·a)	Literatur
Unkultiviertes Moor	1,5	*Foerster* et al., 1981
Grünland (extensiv)	3,0	*Scheffer* et al., 1981
Grünland (Mineraldüngung)	10	*Foerster* et al., 1981
Grünland (80 kg P_2O_5/ha)	15	*Scheffer* et al., 1989
Grünland (Gülledüngung)	4–17	*Scheffer* et al., 1981
Grünland und Acker	4–16	*Steenvoorden*, 1976
Grünland und Acker	1–31	*Duxberry* et al., 1978
Grünland und Acker	1,5–3	*Eggelsmann* et al., 1972
Acker	20–25	*Sorteberg*, 1976
Acker	1,6–37	*Miller*, 1979
Acker (80 kg P_2O_5/ha)	8,6	*Kuntze* et al., 1979

Der Phospataustrag ist im Vergleich zu Mineralböden um das 10-20fache erhöht (Scheffer B. , 1994) und stellt einen entscheidenden Faktor bei der Eutrophierung stehender Gewässer und Vorfluter dar.

3.4   Situation der Hochmoore heute

Vollständig unbeeinflusste Hochmoore existieren heute nicht mehr (SCHEFFER, B. 1994). So wurden beispielsweise die erzgebirgischen Hochmoore seit dem 12. Jahrhundert und verstärkt seit dem 18. Jahrhundert vielfältig genutzt, so dass die Mehrzahl von ihnen entwässert und unterschiedlich stärk degradiert sind (BÖHM 2006). Heute bzw. in den letzten Jahrzehnten wirken sich starke ökologische Wandelprozesse wie Rauchgasemissionen aus der tschechischen Braunkohleindustrie, der globale Klimawandel und der Landnutzungswandel stark auf den Zustand und den eng daran gekoppelten Stoffhaushalt der erzgebirgischen Hochmoore aus (BÖHM 2006). Auch die Revitalisierung degradierter Hochmoore führt zu veränderten stoffhaushaltlichen Prozessen (SCHEFFER, B. 1994).

Es kommt zur Reaktivierung der Stoffkreisläufe und somit zu einem Wandel von Hochmooren als Stoffsenken zu Stoffquellen (SCHEFFER, B. 1994).

Neben dem erhöhten Austrag von Stickstoff und Phosphor stellen Hochmoore dann eine bedeutende Quelle für Kohlenstoff dar. Dieser kann entweder gasförmig als anorganisches Kohlenstoffdioxid (CO_2) bzw. Methan (CH_4) oder in gelöster Form als huminstoffreicher, organischer Kohlenstoff (DOC, TOC) an die Oberflächengewässer abgegeben werden (FREEMAN, EVANS, MONTEITH, REYNOLDS, & FENNER 2001). Insbesondere für die Trinkwassergewinnung aus Talsperren aus moorreichen Einzugsgebieten und die Trinkwasseraufbereitung führen die erhöhten DOC- bzw. Huminstoffkonzentrationen im Wasser zu erheblichen Problemen (BÖHM 2006).

4 Fazit: Vergleich des Stoffhaushaltes von Nieder- und Hochmooren

Nachdem in den vorstehenden Kapiteln näher auf Nieder- und Hochmoore im Einzelnen eingegangen wurde, so soll dieses Kapitel vergleichend auf die eben gelesene Thematik eingehen. Dazu werden *beispielhaft einzelne Prozesse* und Stoffdynamiken wie Mineralisierung, Stickstoffdynamik, usw., die in den unterschiedlichen Mooren unterschiedlich ausfallen noch einmal aufgegriffen und gegenübergestellt:

a) *Mineralisierung*

Mineralisierung in Mooren ist abhängig von der Torfart, dem Zersetzungsgrad, dem C:N-Verhältnis, dem Nährstoffgehalt, dem pH-Wert, dem Wasser- und Lufthaushalt sowie der Bodentemperatur (siehe: Mineralisierung in Hochmooren) .

Aufgrund des weiten C:N-Verhältnisses und der niedrigen pH-Werte der Hochmoorböden wird die Mikroorganismentätigkeit hier stark gehemmt und die biochemischen Umsetzungen sind hier deutlich geringer als in den weniger sauren Niedermoorböden (SCHEFFER 1994).

b) *Stickstoff*

Die Stickstoffmineralisation ist von der Sauerstoffverfügbarkeit, der Temperatur, dem pH-Wert, der Lagerungsdichte und dem C:N-Verhältnis des Torfes abhängig (SCHOPP-GUTH 1999).

Aufgrund des durch ihre Entstehung bedingten hohen Stickstoffgehaltes und dem sich hieraus ergebenden engeren C:N-Verhältnis im Vergleich zu den Hochmooren sowie einem weniger sauren pH-Wert, verfügen Niedermoorböden über einen wesentlich höheren Stickstoffumsatz als die sauren Hochmoore (SCHEFFER, Niedermoorböden).

c) *Phosphor*

Aufgrund ihrer nur schwach ausgeprägten P-Rückhaltemechanismen weisen Hochmoorböden einen wesentlich höheren Phosphataustrag in Oberflächengewässer auf, als dies bei Niedermooren der Fall ist, da es hier zu Phosphatakkumulationen kommen kann (SCHEFFER 1994).

Der entscheidendste Unterschied zwischen Nieder- und Hochmooren ist jedoch der ihrer Entstehung und Wasserspeisung, er sei an dieser Stelle noch einmal aufgeführt: Niedermoore werden durch Grundwasser gespeist und sind daher von dichter und üppiger Vegetation überzogen, Hochmoore dagegen werden ausschließlich durch Niederschlag gespeist und besitzen daher nur eine ärmere *Sphagnum-Moos-Vegetation*.

Moore haben zudem weltweit eine Wirkung als (Kohlen-)Stoffsenke, sie tragen damit maßgeblich dazu bei CO_2 der Atmosphäre für längere Zeit zu entziehen.

Wir möchten denn nun schließen mit einem uns sehr passend erscheinenden Zitat des derzeitigen Bundesumweltministers SIGMAR GABRIEL (2007):

„Wenn wir Moore schützen, schlagen wir zwei Fliegen mit einer Klappe: wir leisten einen effektiven Beitrag zum Klimaschutz, denn Moore sind wichtige Kohlendioxidspeicher, und wir erhalten einzigartige Lebensräume für seltene Tiere und Pflanzen. Hier wird wiederum deutlich: Klimaschutz ist Naturschutz – Naturschutz ist Klimaschutz."

B Literaturverzeichnis

Ad hoc AG Boden ([4]1996). *Bodenkundliche Kartieranleitung.* Hannover: E. Schweizerbart'sche Verlagsbuchhandlung.

Ad hoc AG Boden ([5]2005). *Bodenkundliche Kartieranleitung.* Hannover: E. Schweizerbart'sche Verlagsbuchhandlung.

Baden, W. & Eggelsmann, R. (1963). Zur Durchlässigkeit von Moorböden. *Zeitschrift für Kulturtechnik und Flurbereinigung, 4 ,* S. 226-254.

Blankenburg, J. (2 1994). Hydrologie der Niedermoore. In: Norddeutsche Naturschutzakademie (Hrsg.) (2 1994): *Entwicklung der Moore,* S. 57-58.

Böhm, A. K. (2006). Hochmoore im Erzgebirge - Untersuchungen zum Zustand und Stoffaustragsverhalten unterschiedlich degradierter Flächen. Dresden.

Clymo, R. S. (27 1963). Ion exchange in Sphagnum and its Relation to Bog Ecology. *Annals of Botany* (106), S. 309-324.

Eggelsmann, R. ([2]1980). Moorhydrologie. In: K. Göttlich (Hrsg.): Moor- und Torfkunde, S. 213-215. Stuttgart: E. Schweizerbart'sche Verlagsbuchhandlung.

Eggelsmann, R. (1981). Ökohydrologische Aspekte von anthropogen beeinflussten und unbeeinflussten Mooren Nordwestdeutschlands. Oldenburg.

Eggelsmann, R. ([3]1990). Moor und Wasser. In: K. Göttlich (Hrsg.): Moor- und Torfkunde, S. 288-320. Stuttgart: E. Schweizerbart'sche Verlagsbuchhandlung.

Eggelsmann, R. (1967). Oberflächengefälle und Abflussregime der Hochmoore. *Wasser und Boden* (19), S. 247-252.

Egger, G. (2009). Moore, Torf und Kultursubstrate. In: World Wide Fund For Nature (WWF) Austria (Hrsg.). *Hintergrundinformationen.* Internet: www.nachhaltigewochen.at/filemanager/download/12198/ (Zugriff am: 23.05.2009).

Fischer, A. ([3]2003). Forstliche Vegetationskunde. Stuttgart: Ulmer.

Frede, H. G. & Bach, M. (1996). Landschaftsstoffhaushalt. In H. P. Blume, P. Felix-Hennigsen, W. R. Fischer, H. G. Frede, R. Horn & K. Stahr, *Handbuch der Bodenkunde.* Landsberg: ecomed.

Freeman, C., Evans, C. D., Monteith, D. T., Reynolds, B. & N. Fenner (*412* 2001). Export of organic carbon from peat soils. *Nature* .

Frercks, W. & Puffe, D. (1959). Vergleichende Untersuchungen zwischen der "Bodenatmung" und der CO2-Produktion von Moorböden. *Zeitschrift für Pflanzenernährung Düngung und Bodenkunde* (87), S. 108-118.

Gelbrecht, J. & Koppisch, D. (2001). Phosphor-Umsetzungsprozesse. In M. Succow, & h. Joosten, *Landschaftsökologische Moorkunde* (S. 20-22). Stuttgart: Schweizerbart'sche Verlagsbuchhandlung.

Göttlich, K. ([2]1980). Moor- und Torfkunde. Stuttgart: E. Schweizerbart'sche Verlagsbuchhandlung.

Grosse-Brauckmann, G. ([2]1980). Ablagerungen der Moore. In: K. Göttlich (Hrsg.): Moor- und Torfkunde, S. 166. Stuttgart: E. Schweizerbart'sche Verlagsbuchhandlung.

Hutter, C.-P., Kapfer, A. & Poschlod, P. (1997): Sümpfe und Moore. Biotope erkennen, bestimmen, schützen. Stuttgart.

Ingram, H. (29 1978). Soil layers in mires - Function and terminology. *The Journal of Soil Science* , S. 224-227.

Joosten, H. (23 1993). DENKEN WIE EIN HOCHMOOR: Hydrologische Selbstregulation von Hochmooren und deren Bedeuung für Wiedervernässung und Restauration. *Telma* , S. 95-115.

Joosten, H. & Clarke, D. (2002). Wise Use Of Mires And Peatlands. Totnes; Devon (UK): NHBS Ltd.

Koppisch, D. (2001). Torfbildung. In M. Succow, & H. Joosten, *Landschaftsökologische Moorkunde* (S. 8-12). Stuttgart: E. Schweitzerbart'sche Verlagsbuchhandlung.

Kuntze, H. ([18]1988). Nährstoffdynamik der Niedermoore und Gewässereutrophierung. *Telma* , S. 61-72.

Leser, H. ([13]2005). Diercke – Wörterbuch der Allgemeinen Geographie. München: dtv.

Müller, N. & Bauche, M. (28 1998). Bilanzierung der Stoffflüsse eines Einzugsgebietes in einem Mittelgebirgshochmoor. *Telma* , S. 205-236.

Overbeck, F. (1975). *Botanisch-geologische Moorkunde: unter besonderer Berücksichtigung der Moore Nordwestdeutschlands als Quellen zur Vegetations-, Klima- und Siedlungsgeschichte.* Neumünster: Karl Wachholtz Verlag.

Pott, R. (1996). *Biotoptypen: Schützenswerte Lebensräume Deutschlands und angrenzender Regionen.* Stuttgart (Hohenheim): Ulmer.

Pott, R. & Hüppe, J. (2007). *Spezielle Geobotanik: Pflanze-Klima-Boden.* Berlin und Heidelberg: Springer-Verlag.

Richter, G. (1987). Die Bedeutung der Denitrifikation im Stickstoffumsatz von Niedermoorböden. – Dissertation Universität Göttingen.

Schäfer, W. (2 1994). Physikalische Eigenschaften von Hochmoorböden. In: Norddeutsche Naturschutzakademie (Hrsg.) (2 1994): *Entwicklung der Moore*, S. 39-42.

Scheffer, B. (2 1994). Zur Stoffdynamik der Hochmoorböden. In: Norddeutsche Naturschutzakademie (Hrsg.) (2 1994): *Entwicklung der Moore* , S. 43-45.

Scheffer, B. (2 1994). Zur Stoffdynamik von Niedermoorböden. In: Norddeutsche Naturschutzakademie (Hrsg.) (2 1994): *Entwicklung der Moore*, S. 67-73.

Scheffer, B. & Bartels, R. (*16* 1982). K-Düngung auf Hochmoor bei mehrschnittiger Wiesennutzung. Einfluß auf den K-gehalt im Boden und den K-Austrag über Dräne. *Kali-Briefe* , S. 91-104.

Scheffer, B. & Förster, P. (1991). Zum Phosphataustrag aus einem vererdeten Niedermoorboden bei Gülleanwendung (Bd.33). VDLUFA-Schriftenreihe.

Scheffer, B., Kuntze, H. & R. Bartels (1990). *Zur landbaulichen Verwertung von eisenhaltigen Industrieabfällen auf Hochmoorböden* (Bd. 32). VDLUFA-Schriftenreihe.

Scheffer, B. & Toth, A. (*29* 1979). Der Einfluß der Grundwasserhöhe auf die Stickstoffumsetzungen in Niedermoorböden. – Mitt. Dtsch. Bodenkundl. Gesellsch., S. 635-640.

Schopp-Guth, A. (1999). *Renaturierung von Moorlandschaften.* Bonn-Bad Godesberg: Bundesamt für Naturschutz.

Schouwenaars, J. (2 1994). Wasserhaushalt der Hochmoore. In: Norddeutsche Naturschutzakademie (Hrsg.) (2 1994): *Entwicklung der Moore*, S. 33-38.

Schwaar, J. (2 1994). Die Genese der Moore. In: Norddeutsche Naturschutzakademie (Hrsg.) (2 1994): *Entwicklung der Moore*, S. 8-16.

Stahr, K., Kandeler, E., Herrmann, L. & T. Streck (2008). Bodenkunde und Standortlehre. Stuttgart: Ulmer.

Succow, M. & Jeschke, L. (1990). *Moore in der Landschaft - Entstehung, Haushalt, Lebewelt, Verbreitung, Nutzung und Erhaltung der Moore*. Leipzig, Jena, Berlin: Urania Verlag.

Succow, M. & Joosten, H. (^{2}2001). Landschaftsökologische Moorkunde. Stuttgart: E. Schweizerbart'sche Verlagsbuchhandlung.

Veit, H. (2002). Die Alpen – Geoökologie und Landschaftsentwicklung. Stuttgart: Ulmer

Williams, B. L. & Silcock, D. J. (*53* 2001). Does nitrogen addition to raised bogs influence peat phosphorus pools? *Biogeochemistry* , S. 307-321.

Zech, W. & Hintermaier-Erhard, G. (2002). Böden der Welt. Ein Bildatlas. Heidelberg; Berlin: Spektrum Akademischer Verlag.

Zepp, H. (^{3}2002). Grundriss Allgemeine Geographie. Geomorphologie. Paderborn: Schöningh.

C   Danksagung

Ich bedanke mich recht herzlich bei meiner Kommilitonin Carolin K., ohne die ich diese Arbeit nicht so schreiben hätte können, wie ich es tat. Vielen Dank für Deine Mitarbeit.